Bienen halten – Grundlagen

Bienenhaltung und Imkern leicht erklärt

Marcel Trittel

Inhaltsverzeichnis

Warum lohnt sich die Bienenhaltung?

Die Gründe, weshalb sich Menschen Bienen halten möchten, sind sehr verschieden. Manche möchten ihren eigenen Honig haben. Anderen Menschen hingegen ist das Wachs oder das Bienenharz, welches auch Propolis genannt wird, wichtig. Aus dem Wachs können zum Beispiel Kerzen hergestellt werden, wenn sie nicht für neue Waben dienen sollen. Propolis wiederum dient dafür, dass der Bienenstock vor Bakterien und Pilzen geschützt wird. Beim Menschen findet er seine Anwendung vor allem in der Medizin, denn Propolis ist ein natürliches Antibiotikum. Das Bienenharz wirkt entzündungshemmend und stärkt das Immunsystem. Es ist unter anderem als Salbe, Creme oder als pflanzliches Getränk erhältlich. Darüber hinaus möchten manche Menschen über die Bienenzucht an das Gelee Royale kommen. Dies ist ein spezielles Gemisch aus Honig, Blüten und einem Drüsensekret, welches nur von den jungen Arbeiterinnen produziert wird. Bei den Bienen bekommt nur die Königin das Gelee Royale zum Fressen. Aber auch für die Menschen hat dieses Gemisch eine vitalisierende, leistungssteigernde Lebenskraft. Damit wirkt es vorbeugend sehr gut gegen Viruserkrankungen. Anderen Bienenzüchtern und Bienenzüchterinnen geht es hingegen mehr um die Bestäubung der Pflanzen, denn sämtliches Obst und Gemüse würde es nicht mehr bzw. nur noch in geringen Mengen geben, wenn die Bienen nicht immer wieder Obstblüten und Gemüseblüten bestäuben würden. So ist in Gebieten, in welchen viele Bienen leben, eine gute Ernte vorprogrammiert. Die Bienenhaltung ist also in vielerlei Hinsichten lohnenswert. Allerdings sollte sich jeder seiner Motivation und Verantwortung gegenüber den Tieren bewusst sein.

Was ist eine Wildbiene?

Neben der Honigbiene, welche für die Imkerei benutzt wird, gibt es noch die Wildbienen. Die kleinste Wildbienenart ist die Schmalbiene. Sie ist nicht größer als ein Reiskörnchen. Die Blaue Holzbiene kommt hingegen auf fast 30 mm. Auch die Hummel zählt zu den Wildbienen. Sie lebt ähnlich wie die Honigbiene in einem Bienenvolk. Viele Wildbienenarten leben jedoch jeweils in einem eigenen Nest. Häufig befinden sich die Nester so dicht beieinander, dass es wie ein Bienenvolk erscheint. Außerdem ist die Wildbiene für die Natur genauso wichtig, wie die Honigbiene, denn auch Wildbienen sind für die ökologische Artenvielfalt von Pflanzen absolut unerlässlich. Sie helfen nämlich den Honigbienen beim Bestäuben von Apfelblüten, Birnenblüten, Tomatenblüten, Beerenblüten und vielen weiteren Blüten.

Wie kann man eine Honigbiene erkennen?

Es gibt auf der gesamten Welt neun Honigbienenarten. Sie unterscheiden sich im Wesentlichen von der Wildbiene darin, dass sie in einem Bienenstaat leben, welcher sich in einem Bienenstock befindet. Die Wildbienen hingegen sind mehr Einzelgänger. Außerdem ist die westliche Honigbiene braun-schwarz und nicht schwarz-gelb. Ihr Hinterleib weist helle und dunkle Streifen auf und ihr Brustteil ist behaart. Die Wespe besitzt dagegen eine schwarz-gelbe Färbung am Hinterleib. Zudem ist ihre typische Wespentaille eindeutig zu erkennen. Die Honigbiene ist im Gegensatz dazu etwas kompakter gebaut.

Das Leben im Bienenstaat

Die Honigbienen leben in Völkern. Ihr Staat umfasst im frühen Sommer bis zu 50.000 Individuen. Sie alle leben gemeinsam in einem Bienenstock. Auf den ersten Blick erscheint es, als wenn das Leben im Bienenstaat nicht geordnet ist, aber im Bienenstaat sind die Aufgaben exakt verteilt.

Die Königin im Bienenstock

Jeder Bienenstaat hat nur eine einzige Königin. Diese lebt bis zu fünf Jahre. Eine von ihren Aufgaben ist es, durch eine physiologische Droge, auch Pheromone genannt, die Mitbewohner im Bienenstock zu steuern. So lernen die Arbeiterinnen motivierter, der Schwarm hält mehr zusammen und die Drohnen werden zur Paarungszeit angelockt. Die Hauptaufgabe der Königin ist es jedoch, für den notwendigen Nachwuchs zu sorgen. Am Anfang entwickelt sich die Königin, welche auch als Weisel bezeichnet wird, wie eine Arbeiterin aus einer befruchteten Eizelle. Während ihres Larvenstadiums wird sie jedoch vom nahrhaften Futtersaft Gelee Royale ernährt. Die Aufzucht geschieht zudem in den sogenannten Weiselzellen. Nach ca. 16 Tagen wird die erste Königin schlüpfen. Meist hat das Bienenvolk jedoch noch mehr Königinnen gezüchtet. Diese sind Rivalinnen und werden mit dem Stachel getötet. Anschließend geht es zum Hochzeitsflug. Dabei nimmt sie von den Drohnen, den männlichen Honigbienen, einmalig bis zu zehn Millionen Spermien in der Samenblase auf. Danach werden pro Tag etwa 2000 Eier abgelegt, welche befruchtet oder unbefruchtet sein können. Die Eier legt die Königin in die dafür gedachten Brutzellen ab. In einer Saison können es bis zu 200.000 Stück sein. Aus den befruchteten Eiern entwickeln sich später die Arbeiterinnen bzw. eine neue Königin. Aus den unbefruchteten Eiern entstehen die späteren Drohnen. Jedes Jahr muss die alte Königin Platz für eine neue Bienenkönigin machen. Im Frühjahr legt sie deshalb Eier in die dafür vorbereiteten Weiselzellen. Während die neue Königin von Arbeiterinnen herangezogen wird, schwärmt die alte Königin mit mehreren Tausend Bienen ihres Stocks aus. Der Schwarm sucht sich dann eine neue Behausung. Häufig lässt er sich als große summende Traube irgendwo nieder. Der Imker kann nun den Schwarm einfangen und ihm einen neuen Bienenstock geben. Dies ist auch für die Bienen wichtig, denn die Honigbienen könnten ohne diese menschliche Hilfe in der freien Natur nicht überleben.

Die Arbeiterinnen

Den größten Anteil im Bienenstock machen die Arbeiterinnen aus. Ohne sie würden keine Drohnen und auch keine Königin existieren können. Die Arbeiterinnen sind Weibchen, welche unfruchtbar sind. Sie werden nur zu Beginn mit Gelee Royal versorgt. Anschließend erhalten sie lediglich Honig, Nektar, Pollen sowie Wasser. Ihre Brutzeit beträgt 21 Tage. Dann schlüpfen sie. Zu diesem Zeitpunkt sind die Bienen schon komplett mit ihrem Giftstachel ausgestattet. Anschließend heißt es für sie, bis zu ihrem Lebensende zu arbeiten. Zunächst bleiben die jungen Arbeiterinnen die nächsten drei Wochen im Bienenstock. Dort müssen sie die Zellen putzen. Außerdem nehmen sie den Sammelbienen den Nektar und die Pollen ab. Damit werden die Alt- und Jungmaden gefüttert. Darüber hinaus müssen die jungen Arbeiterinnen neue Waben aus Wachs anfertigen sowie die Temperatur als auch die Luftfeuchtigkeit im Bienenstock regulieren. Nach diesen Wochen wird die junge Arbeiterin zur Wachbiene. Nun kontrolliert sie den Stockeingang. Erst wenn ihr Leben zur Hälfte vorbei ist, dient sie als Sammelbiene im Außenbereich. Sie sucht nun Nektar, Pollen und Wasser. Die neuen Bienen, die Königin und die Drohnen im Bienenstock, müssen damit versorgt werden.

Die Drohnen im Stock

Die männlichen Bienen werden als Drohnen bezeichnet. Sie stammen aus unbefruchteten Eiern der Königin ab. Ihre einzige Aufgabe ist es, die neue Königin zu befruchten. Bis zur Geschlechtsreife werden die Drohnen gut umsorgt. Zur Paarungszeit im Mai, also schon nach wenigen Lebenstagen, ist damit aber Schluss. Dann findet sich die Drohne mit Tausenden von anderen Männchen auf dem Drohnensammelplatz wieder. Unter enormer Konkurrenz versucht nun jede Drohne, die Königin auf ihrem Hochzeitsflug zu begatten. Gelingt ihr dies, bekommt die Königin den gesamten Samenvorrat dieser erfolgreichen Drohne. Nach der Begattung stirbt die Drohne. Erfolglose Drohnen leben zwar weiter, dafür droht ihnen jedoch schon am Ende des Bienenjahres die soziale Ausgrenzung. Die Arbeiterinnen verwehren ihnen nämlich das Futter. Außerdem vertreiben sie die Männchen aus dem Bienenstaat und verhindern ihre Rückkehr. Die stachellosen Drohnen können sich dabei nicht zur Wehr setzen, schließlich sind sie auch deutlich in der Unterzahl gegenüber den Arbeiterinnen.

Was kostet die komplette Anschaffung von Bienen?

Folgende Ausgaben müssen für die Bienenzucht eingeplant werden:

Fachbuch über Bienen:	ab 15 €
Bienenbox:	ab 340 €
Ersatzrähmchen:	ab 20 €
Ersatzjutetuch:	ab 7 €
Absperrgitter:	ab 15 €
Schwammkiste:	ab 60 €
Standvorrichtung:	ab 95 €
Ablegerkasten:	ab 54 €
Ami Stockmeisel:	ab 7 €
Imkerbluse mit Schleier:	30-50 €
Profi-Schutzhandschuhe (Schafsleder):	ab 12 €

Profi-Abkehrbesen   (Bienenbesen
groß, Holzgriff mit Rosshaarbors-   ca. 5 €
ten):

Ami Smoker, 10 cm: ab 20 €

Duus Rauchkraut, 500 g: ab 4,20 €

Zündwürfel: ab 2 €

Wer Honig ernten möchte bzw. wer schon etwas mehr
Erfahrung mit Bienen gesammelt hat, benötigt außerdem unter anderem noch:

Honigeimer: ab 2 €

Honigsieb: ab 17 €

Bienenkönigin Clip Fänger: ab 4,50 €

Futtertasche: ab 12 €

Ameisensäureset: ab 35 €

Zugwaage: ab 7 €

Ausrüstung   zur   Honigernte   mehrere
und zur Honigverarbeitung   1.000 €

Die Bienenwohnung

Was ist ein Bienenstock?

Wer sich mit der Bienenbehausung beschäftigt, vernimmt häufig den Begriff Bienenstock. Ein Bienenstock ist aber keine spezielle Bienenbehausungs-Form. Vielmehr steht der Bienenstock allgemein für eine künstliche Nisthöhle, in welcher sich ein Bienenvolk befindet. Die Behausung an sich wird Beute genannt und kann sehr verschieden ausfallen.

Aus was besteht eine Bienenbox?

Die Bienenbox ist eine Behausungsform, welche aus verschiedenen Teilen besteht:

Die Rähmchen

Jede Bienenbox besitzt 26 Kuntzsch-Hoch-Rähmchen. Bei Kuntzsch-Hoch handelt es sich um ein standardisiertes Rähmchen-Maß. Die Rähmchen sind wegen ihrer Größe sehr handlich und die Waben brechen nur sehr selten heraus.

Die Naturwaben

Sie werden von den Bienen selbst gebaut. Zu Beginn sind sie schneeweiß. Erst mit der Zeit erhalten sie ihre gelbe bis schwarze Färbung.

Die Mittelwände

Bei den Mittelwänden handelt es sich um Wachsplatten, welche vorgeprägte Zellen für die folgende Arbeiterinnen-Brut besitzen. Sie beschleunigen den Wabenbau und das Bienenvolk kann sich schneller weiterentwickeln. Allerdings ist die Mittelwand auch ein Fremdkörper für die Bienen. Sie ist kein natürlicher Teil von ihrem Organismus. Zudem können die Arbeiterinnen nicht selber entscheiden, mit welchem Zelldurchmesser sie die Waben bauen. Wer nicht unbedingt die Honigernte erhöhen möchte, sollte darum bei einer Bienenbox auf die Mittelwände verzichten.

Der Boden

Der Boden wird auch als Gemüllwindel bezeichnet, denn hierauf landen alle Materialien, welche mit der Zeit von den Bienen fallen gelassen werden bzw. welche von den Bienenwaben abfallen. Durch diesen Abfall können Imker und Imkerinnen einige wichtige Informationen über das Bienenvolk sammeln. So sind zum Beispiel bei einem Varroamilbenbefall auf dem Boden vermehrt die etwa 1 mm großen Milben zu erkennen, welche in zunehmendem Alter dunkle Punkte darstellen. Viel Pollen auf dem Boden wiederum bedeutet, dass das Bienenvolk eine Eier legende Königin besitzt. Über den Boden kann die Bienenbox außerdem belüftet werden. Von Januar bis April gilt es jedoch, den Boden geschlossen zu halten. In diesem Zeitraum ist es für die Bienen einfach zu kalt. Wenn das Wetter es zulässt, kann der Boden der Bienenbox jedoch ab Mai geöffnet werden, bis es erneut zu kalt wird.

Das Jutetuch

Es liegt zwischen den Rähmchen und dem Deckel. Seine Aufgabe ist es, einen stressfreien Umgang mit den Bienen zu bekommen. Denn wenn das Jutetuch am Rand mit Reißnägeln befestigt worden ist, werden es die Bienen mit Propolis an die Rähmchen ankitten. Damit hält es dann von alleine. Außerdem kann nun bestimmt werden, über welche Rähmchen die Bienen nach draußen krabbeln. Dies bringt einen Vorteil, wenn man nicht

möchte, dass die Bienen beim Öffnen der Bienenbox auffliegen.

Das Trennschied und das Absperrgitter

Mit dem Trennschied, in welches auch ein Absperrgitter montiert ist, wird das Bienenvolk in
der Bienenbox geleitet. Das Trennschied befindet
sich immer hinter dem letzten Rähmchen. Außerdem schließt es immer den Raum ab, welcher für
die Bienen zum Bebauen gedacht ist. Dies ist ein
Vorteil im Winter, denn im Winter fällt es den
Bienen leichter, die Temperatur zu halten, wenn
ihre Räume kleiner ausfallen. Im Frühjahr dürfen
sie hingegen wieder mehr Platz bekommen, um
sich auch ausbreiten zu können.

Der Fluglochverkleinerer

Honigbienen finden am Ende des Sommers nicht
mehr ausreichend Nektar. Darum neigen sie dazu,
sich gegenseitig ihren Honig zu klauen. Auch
Wespen, also Wildbienen, versuchen nun, etwas
Honig oder Nektar zu bekommen. Ein kleineres
Flugloch kann die Honigbienen vor diesen Ein-
dringlingen schützen. Eine Fluglochverkleinerung
kommt aber meist nur dann zum Einsatz, wenn

auch wirklich häufige Wespenangriffe vorkommen.

Die Futtertasche

Wer den Bienen zu viel Honig wegnimmt, muss im Winter Zuckerwasser zufüttern. Hierfür ist eine von innen mit Bienenwachs übergossene Futtertasche notwendig. Sie kann wie ein Rähmchen eingebracht werden. Ersatzweise ist es möglich, sie durch einen aufgeschnittenen Plastikbeutel zu ersetzen. Das Einbringen in die Bienenbox ist hierbei jedoch um einiges schwieriger.

Der richtige Standort für die Bienen

Wo die Bienen stehen, ist unter anderen davon abhängig, welchen Bedürfnissen die Menschen sowie die Bienen unterliegen. Allgemein wünschen sich die Bienen einen halb sonnigen und halb schattigen Standort im Laufe des Tages. Die Sonne sollte dabei morgens scheinen. Am Nachmittag ist wiederum Schatten erwünscht. Dazu ist das Flugloch am besten nach Osten ausgerichtet, weil diese Seite meist die wetterabgewandte Seite ist. Ebenso darf die Bienenbox nicht direkt im Wind stehen und vor dem Flugloch sollte ausreichend Platz vorhanden sein.

Die Menschen hingegen wünschen sich für ihre Bienen einen Standort, welcher für sie selber leicht zugänglich ist. Gleichzeitig dürfen keine Nachbarn in der Nähe sein, welche keine Bienen haben möchten. Dazu kommt ein guter Blick zum Flugloch. Schließlich möchte der Imker oder die Imkerin den Bienen gerne bei ihrer Arbeit zusehen können. Ebenso darf es keine Gefahr von Vandalismus geben. Zu guter Letzt muss außerdem ein gutes Arbeiten am Bienenstock möglich sein. So sollte er sich in einer angenehmen Höhe befinden, ohne dass man sich strecken oder bücken muss. Des Weiteren sollte es auch genug Platz dahinter geben.

Durch solche Überlegungen ergibt sich vielleicht auch schon, ob die Bienenbox im Garten, auf dem Balkon bzw. auf dem Dach platziert wird.

Beim Bienenzüchten im Garten ist außerdem noch zu beachten, dass:

- die Fluglochseite nicht in die Richtung eines Weges zeigt

- vor dem Flugloch mindestens drei bis vier Meter Platz ist. Steht schon nach ein oder zwei Metern eine Hecke davor, müssen die Bienen eventuell aus dem Gartenbereich hinausfliegen.

Wer seine Bienen auf dem Balkon züchten möchte, sollte hingegen Folgendes beachten:

- Das Flugloch sollte auf gar keinen Fall auf einen benachbarten Balkon gerichtet sein. Schließlich würden sie sonst über den benachbarten Balkon ein- und ausfliegen, denn Bienen fliegen immer gerade in ihr Flugloch hinein, wenn es der Platz zulässt.

Wer ein flaches Dach besitzt, kann seine Bienen auch auf dem Dach halten. Dabei gilt es allerdings, die folgenden Dinge zu beachten:

- Das Dach muss eine Belastung von mindestens 80 kg aushalten können.

- Außerdem muss die Bienenbox so gut gesichert sein, dass sie selbst bei starkem Wind nicht nach unten fallen kann.

Sind alle damit einverstanden?

Die Bienenbehausung sollte grundsätzlich nur in Gebieten aufgestellt werden, in denen alle unmittelbar von der Bienenzucht Betroffenen damit einverstanden sind. Diese Aussage gilt natürlich auch für die Familie. Aber auch die Nachbarn und der Vermieter müssen über die (Hobby-)Imkerei benachrichtigt werden. Anderweitig kann es schnell zu einem Nachbarschaftsstreit oder zur Wohnungskündigung kommen.

Wann kann die Bienenhaltung begonnen werden?

Die Bienenhaltung ist saisonbedingt. Je nach Witterung beginnt sie im April oder im Mai. Allerspätestens im Juni oder Anfang Juli sollte jedoch mit ihr gestartet werden.

Bienen und andere Tiere

Natürlich treffen Bienen auch auf andere Tiere. Aber vertragen sie sich auch mit:

... den Haustieren?

Die Antwort lautet ja. Tiere, welche im Garten leben, wie zum Beispiel Ziervögel, Hühner, Fische, Kaninchen und so weiter, vertragen sich ohne Ausnahme mit den Bienen. In den meisten Fällen haben die Bienen nämlich keinen Kontakt zu ihnen. Wer Hunde und/oder Katzen besitzt, kann gelegentlich ein Hinterherjagen beobachten. Dann fühlen sich die Bienen eingeengt und stechen auch einmal zu. Oftmals sind solche Stiche unbedenklich. Zeigt das Haustier jedoch eine allergische Reaktion, muss es tierärztlich versorgt werden. Weil Hunde und Katzen sehr lernfähig sind, werden sie so oder so die Bienen nicht noch einmal jagen. Selbst bei Allergiker-Hunden oder bei Allergiker-Katzen müssen die Bienen also nicht unbedingt gleich abgeschafft werden.

... den Bienen aus der Nachbarschaft?

Auch hier lautet die Antwort ja. Trotzdem ist es

ratsam, sich mit dem Bienenhalter oder der Bienenhalterin in Kontakt zu setzen. Manchmal kann es nämlich sehr interessant sein, die jeweiligen Erfahrungen mit den Bienen gegenseitig auszutauschen.

Müssen die Bienen versichert oder irgendwo angemeldet werden?

Die Bienen zu versichern, ist sehr sinnvoll. Schließlich kann es immer zu Schäden durch Verschmutzung oder durch Bienenstiche kommen. Für die Versicherung gibt es zwei Varianten. Die eine ist der Eintritt in einen Imkerverein. Wer die Bienenzucht jedoch nur als Hobby betreibt, kann seine Bienen in den meisten Fällen über die private Haftpflichtversicherung mitversichern lassen. Wer sich nicht sicher ist, ob die Bienen in der privaten Haftpflichtversicherung mit aufgezählt werden, sollte lieber noch einmal nachfragen und auf Nummer sichergehen.

Außerdem ist es rechtlich vorgeschrieben, dass die Bienen beim nächsten Veterinäramt angemeldet werden. Wer diese Stelle nicht kennt, kann sich auch bei der Stadtverwaltung oder bei der Gemeindeverwaltung Informationen einholen. Die Kontaktaufnahme kann anschließend persönlich oder telefonisch erfolgen. Je nach Bundesland (betrifft momentan Baden-Württemberg, Hessen, Nordrhein-Westfalen, Rheinland-Pfalz, Sachsen, Sachsen-Anhalt und Thüringen) ist zudem eine Anmeldung bei der Tierseuchenkasse notwendig.

So ernähren sich die Bienen

Wie alle Tiere benötigen natürlich auch die Bienen etwas zu fressen und zu trinken.

Die natürliche Ernährung

Bienen sind reine Vegetarier. Ihre Hauptnahrung sind süße Pflanzensäfte, vor allem der Nektar. Pollen wiederum sind ihr Eiweißlieferant. Alle Bienen sammeln sich ihr Futter also selber. Sie müssen nicht vom Menschen gefüttert werden. Für die nahrungsfreien Zeiten, wie zum Beispiel die Winterperiode oder eine Regenzeit, legen sich die Bienen Futtervorräte an. Mit diesen soll der gesamte Schwarm überleben.

Die künstliche Ernährung im Winter

Im Sommer legen sich die Honigbienen ihren Futtervorrat an. In einem blütenreichen Jahr sollte dieser auch für den Winter ausreichend sein. Fällt das Jahr jedoch weniger bienenfreundlich aus oder nehmen sich die Menschen etwas von dem Gesammelten weg, um Honig essen zu können, müssen die Bienen im Winter gefüttert werden. Dazu werden drei Teile Zucker mit zwei Teilen Wasser vermengt. Eventuell darf auch noch eine kleine Prise Salz hinzugegeben werden. Dazu kann zu 10 % eigener Honig kommen. Wer keinen eigenen Honig hat, sollte den Honig komplett weglassen. Auf gar keinen Fall ist es ratsam, anderen oder gekauften Honig zu verwenden. Somit könnten sogar meldepflichtige Erkrankungen übertragen werden. Die Fütterung findet dann zum ersten Mal nach der Honigernte bzw. Mitte Juli statt. Je nach Volksgröße werden die Tiere mit drei bis fünf Kilogramm Zucker-Wassergemisch gefüttert. Währenddessen sollte keine Ameisensäure-Behandlung stattfinden, denn die erhöhte Luftfeuchtigkeit wirkt sich negativ auf die Verdunstungsrate der Ameisensäure aus. Infolgedessen werden die Milben nicht genügend geschädigt und die Behandlung wäre ohne Nutzen. Nach der Behandlung darf dann das restliche Futter den Bienen verabreicht werden. Die Eingewöhnung an das zusätzliche Futter sollte dann bis Mitte September beendet sein.

Und so findet die Fütterung überhaupt statt: Das Futter kommt in ein offenes Gefäß, zum Beispiel einen 5-Liter-Eimer. Dieser wird in die Bienenbehausung gestellt. Außerdem müssen Steighilfen oder ein schwimmender Gegenstand mit hineingelegt werden, denn Bienen können nicht schwimmen und könnten in dem

Zuckerwasser ertrinken. Eine sicherere Variante sind Gläser mit einem Twist-off-Deckel. In die Deckel wird ein kleines Loch eingearbeitet. Dann werden die Gläser kopfüber auf die Leistchen gestellt. Weil die Gläser Vakuum ziehen, tropft hier nichts nach draußen. Die Bienen kommen dann zum Loch und holen sich ihr Futter ab. Übrigens sollte die Fütterung immer erst am Abend kurz vor dem Sonnenuntergang stattfinden. Auf diese Weise ist die Gefahr durch Räuber geringer. Außerdem ist die Menge abhängig von der Größe des Bienenstocks, dem Brutverhalten, dem Winterverlauf und von der Anzahl der natürlichen Reben, welche die Bienen noch zur Verfügung haben. Wichtig ist jedoch, dass die zugefütterte Menge bis Ende April oder Anfang Mai reicht.

Wasser für die Bienen

Neben Futter benötigen die Bienen zum Überleben auch Wasser. Wer kein natürliches Wasservorkommen in seiner Nähe hat, sollte den Bienen eine Trinkmöglichkeit schaffen. Das kann zum Beispiel eine Schale sein, welche regelmäßig mit frischem Wasser gefüllt wird. Weil Bienen Nichtschwimmer sind, sollten sich hierin auch Steine oder Ähnliches als Kletterhilfen befinden.

Der Bienenschwarm

Wer mit der Bienenzucht beginnen möchte, benötigt erst einmal die Bienenbox oder eine andere Bienenbehausung sowie eine Einstiegs-Ausrüstung. Von Anfang Mai bis Ende Juli kann dann im besten Fall der erste Schwarm einziehen.

Was ist ein Bienenschwarm?

Ein Schwarm, das ist die Art, wie manche Tiere leben. Bei den Bienen bedeutet es, dass sie mit einer Königin leben. Sie ist sozusagen das Oberhaupt. Insgesamt kann ein Bienenschwarm aus 5.000 bis 10.000 Bienen sowie einer Königin bestehen. Jedes Frühjahr züchten sich die Bienen eine neue Königin heran. Diese bleibt dem Bienenstock erhalten. Die alte Königin verlässt mit etwa der Hälfte ihres Volkes die Bienenbehausung. Nicht weit weg davon lässt sie sich dann nieder. Nun sucht sie nach einem neuen Platz. Außerdem werden bei einem Bienenschwarm zwei Typen unterschieden, nämlich der Naturschwarm und der Kunstschwarm.

Was ist ein Naturschwarm?

Als Naturschwarm wird ein Bienenschwarm bezeichnet, welcher ohne Eingriffe in ein Bienenvolk entstanden ist. Die Bienen sind hier sehr vital und sie besitzen eine Menge Energie, um eigene Naturwaben zu erschaffen. Generell wird empfohlen, wann immer es auch geht, zu einem Naturschwarm zu greifen.

Was ist ein Kunstschwarm?

Wenn ein Naturschwarm ohne Eingriffe in ein Bienenvolk entstanden ist, kann es bei einem Kunstschwarm nur andersherum sein. Bei dem künstlich gebildeten Schwarm werden Bienen aus einem Schwarm mit einer fremden Königin kombiniert und in einer Behausung zeitlich begrenzt untergebracht. Zu diesem Zeitpunkt sind die Bienen jedoch nicht auf das Schwärmen eingestellt. Deshalb sind sie auch nicht so vital wie bei einem Naturschwarm. Somit sollten sie auch nur ersatzweise gewählt werden. Dies ist zum Beispiel dann der Fall, wenn der Einzug erst Mitte Juni stattfindet und kein Naturschwarm mehr zur Verfügung steht. Außerdem besteht der Kunstschwarm idealerweise aus 1,5-2 kg Bienen. Die Königin ist am besten bereits begattet, sodass sie sofort legefähig ist. Sonst muss sie erneut

aus der Bienenbox genommen und von Drohnen begattet werden.

Wo kann ein Bienenschwarm herkommen?

Wer sich Bienen anschaffen möchte, sollte sich früh-
zeitig um einen Schwarm kümmern, denn oftmals ist
die Nachfrage größer als das Angebot. Die besten
Chancen, einen Naturschwarm zu bekommen, bestehen, wenn mehrere Angebote zur gleichen Zeit ver-
folgt werden. Bei alldem ist es jedoch gut, wenn die
Bienen aus der Region kommen. Somit werden längere
Transportwege und Stress für die Honigbienen vermieden. Außerdem wird die Übertragung von Erkrankungen weitestgehend unterbunden. Dazu kostet ein
Schwarm Honigbienen hierzulande meist gerade einmal bis zu 120 €. Der exakte Preis richtet sich jedoch
nach dem Verkäufer. Auf folgende Art und Weise ist es
möglich, sich einen Bienenschwarm zu besorgen:

- über Freunde, Bekannte und Verwandte:
Freunden und Bekannten von seinem Vorhaben,
Bienen züchten zu wollen, zu erzählen, kann so
einige Vorteile mit sich bringen. Vielleicht ent-
puppt sich der Eine oder Andere ebenso als (Hob-

by-)Imker. Anderweitig kann er eventuell Kontakt zu einem anderen Imker aufbauen bzw. die Adresse an den Neu-Imker weitergeben.

- über lokale Imkervereine und lokale Einzelimker bzw. Einzelimkerinnen:
Im Internet gibt es zahlreiche Listen, wo lokale Imkervereine und einzelne Imker bzw. Imkerinnen zu finden sind. Bei konventionellen Imkern und Imkerinnen gibt es meist jedoch nur Kunstschwärme. Ökologische Bienenhalter oder Bienenhalterinnen bieten allerdings auch Naturschwärme an. Ähnlich ist es bei Bio-Imkern bzw. bei Bio-Imkerinnen.

- aus dem Internet:
Wenn es keinen Imker und keine Imkerin in der Umgebung zu geben scheint, kann ein Kunstschwarm auch im Internet bestellt werden. Hier fallen allerdings starke Erschütterungen und zum Teil auch weite Transportwege an. Außerdem können leicht Erkrankungen verbreitet werden. Aus diesem Grund sind die sogenannten Paketbienen nur wenig zu empfehlen.

- über die Schwarmbörse:

Bei der Schwarmbörse handelt es sich um eine Onlinedatenbank von der Mellifera e. V., welche extra zur Vermittlung von Bienenschwärmen dient. Außerdem erhalten Neueinsteiger hier auch nützliche Tipps zum Bau einer Bienenbehausung.

Was ist ein Ableger? Sie die Ableger wirklich geeignet?

Als Ableger versteht man ein Set aus mehreren Brutwaben, einer Königin und mehreren Tausend Bienen. Weil Ableger meist keine Futterwaben enthalten und hier nur sehr wenige Bienen vorhanden sind, sind sie sehr umstritten. Bei manchen Ableger-Sets sind jedoch auch einige mit Futter gefüllte Waben dabei. Dafür kann eventuell die Königin fehlen, welche dann erst von den Bienen nachgezüchtet werden muss. Eventuell besitzt der Ableger aber auch schon eine Weiselzelle, welche sich kurz vor der Verdeckelung befindet. In diesem Fall würde der Ableger also aus einem schwarmbereiten Bienenvolk stammen. Wer die Absicht hat, seine Bienenzucht mit einem Ableger zu beginnen, sollte auf jeden Fall in die Rähmchen Mittelwände einsetzen, denn gerade zu Beginn sind die Bienen nur wenig wabenbaufreudig.

Die Einlogierung eines Bienenschwarmes

Sobald der Schwarm beschafft ist, muss er einlogiert werden. Das Einlogieren, also Einquartieren, wird auch als Einschlagen bezeichnet. Je nach Naturschwarm, Kunstschwarm oder Ableger, kann dies unterschiedlich ausfallen.

Das Einlogieren eines Naturschwarmes

Wenn ein Naturschwarm eingefangen wurde, sollte er erst einmal an einem dunklen, leisen und kühlen Ort abgestellt werden. Allmählich werden sich die Bienen nun voneinander trennen. Sie befinden sich nun in der Kellerhaft und bereiten sich nun auf ihren Einzug vor. Am nächsten Tag können die Bienen abends wieder aus ihrer Kellerhaft befreit werden. Sie werden nun in die Bienenbox einlogiert. Diese sollte bereits an ihrem festen Ort stehen. Außerdem ist es von großer Bedeutung, dass der Boden und das Flugloch mit etwas Klebeband, Schaumstoff oder mit einem Flugloch-Verkleinerer ausgestattet sind. Ebenso sollten sich schon 15 leere Rähmchen in der Bienenbox befinden.

Sie werden auf der Seite positioniert, welche vom Flugloch entfernt liegt. Die Fluglochseite dient wiederum
zum Einlogieren der Bienen. Die Schwarmkiste, in welcher die Bienen transportiert wurden, bekommt dazu
einen kräftigen Ruck, sodass der Bienentraubel in die
Behausung fallen wird. Anschließend werden die 15
Rähmchen langsam und allmählich in die Richtung des
Flugloches geschoben. Das Ende schließt das Rähm-
chenpaket mit dem Trennschied ab. Dabei sollten die
Rähmchen schon dicht beieinanderliegen. Bei alldem
muss eventuell die Bienenmasse, welche sich schon
auf dem Gitter befindet, etwas mit einem Löffel verteilt werden. Anschließend wird der Jutebeutel über
die 15 Rähmchen gelegt. Nun gilt es, die Bienenbox zu
schließen. Dazu müssen die Bienen am Rand mit einem
feuchten Bienenbesen weggefegt werden. Außerdem
ist es wichtig, gleich wieder den Fluglochverkleinerer
sowie das Klebeband zu beseitigen. Dann wird die
Schwarmkiste auf den Deckel der Bienenbox gestellt.
Die Bienen, welche sich noch in der Schwarmkiste befinden, werden den anderen Bienen folgen und über
das Flugloch in die Box hinein zu der Königin gelangen.
Die Bienenbox darf nun nicht mehr verstellt werden.
Sonst würden die Arbeiterinnen ihr Flugloch nicht
mehr finden und der Schwarm wäre dem Tode ge-

weiht. In der nächsten Zeit werden die Bienen damit zu tun haben, ihre Behausung zu erkunden. Alle zusammen werden sie sich dabei im oberen Bereich der Rähmchen aufhalten. Nach 24 Stunden haben die Bienen dann eine feste Position eingenommen. Ebenso kann nun auch das Jutetuch entfernt werden. Alle Rähmchen, welche nicht von Bienen besetzt sind, werden nun hinausgeschoben. Die besetzten Rähmchen werden spätestens nun auf die Seite des Flugloches geschoben bzw. bleiben dort vorhanden.

Das Einlogieren eines Kunstschwarmes

Bei einem Kunstschwarm wird die separate Königin in einem kleinen Käfig herbeigeschafft. Dieser ist verschlossen und wird hängend mitten in einer Schwarmkiste platziert. Der Kunstschwarm (Bienen aus mehreren verschiedenen Bienenstöcken) sollte mindestens zwei Kilogramm Bienen beinhalten. Wird er bis Anfang Juni angeschafft, werden keine Mittelwände benötigt. In diesem Fall können die folgenden Erläuterungen für die Mittelwände einfach ausgelassen werden. Wer sich einen Schwarm jedoch erst nach Anfang Juli anschafft, sollte seinen Bienen Mittelwände zur Verfügung stellen, denn zu dieser Jahreszeit würden es die Bienen nicht mehr schaffen, sich ihr eigenes Wabenwerk zu erarbeiten. Darum werden zehn Rähmchen mit einer Mittelwand ausgestattet. Solche Mittelwände können im Fachhandel erworben werden. Anschließend wird der Boden der Bienenbox verschlossen. Auch das Flugloch wird mit einer Flugloch-Verkleinerung bzw. mit Schaumstoff und Klebeband ausgestattet. Dann werden die zehn Rähmchen in die Bienenbox eingehängt.

Die Rahmen bzw. Mittelwände werden auf der Seite des Flugloches positioniert. Hier werden anschließend auch die Bienen hineingelassen, einlogiert. Dabei wird die Königin im Käfig mit einem Draht an der, vom Flugloch aus gesehen, dritten Wabe angebracht. Als Nächstes ist der Plastikverschluss des Käfigs zu öffnen. Weil sich die Königin in einem Futterteigverschluss befindet, kommt sie nicht automatisch frei. Vielmehr müssen die Bienen sie nun freifressen. Dazu wird die Schwarmkiste mit einem kräftigen Schubs entleert. Nun fallen die Bienen in die Bienenbox hinein. Anschließend werden die zehn Rähmchen hin zum Flugloch geschoben, falls sie sich dort noch nicht befinden. Am Ende muss das Rähmchen- oder Mittelwandpaket mit dem Trennschied abschließen. Zudem sollten die Rähmchen bzw.

Mittelwände ziemlich dicht beieinanderliegen. Für das exakte Positionieren der Rähmchen bzw. der Mittelwände ist es eventuell nötig, einzelne Bienen mit einem Löffel etwas umzupositionieren. Das restliche Verhalten ist wie bei einem Naturschwarm. Lediglich kommt bei einem Kunstschwarm noch dazu, dass nach einigen Tagen der Königinnen-Käfig entfernt werden sollte.

Das Einlogieren eines Ablegers

Ein Ableger bringt meist einige Brutwaben und einige Futterwaben mit. Diese werden während des Transportes zu ihrem neuen Standort in einem Ablegerkasten zwischengelagert. Hat der Imker, welcher den Ableger abliefert, eine andere Rähmchengröße in seiner Bienenbehausung, so sollten ihm zuvor einige Rähmchen mit Mittelwänden gegeben werden. Der Imker hängt sie dann vorübergehend in seine Behausung, wo die Bienen beginnen werden, ihre Waben daran zu bauen. Anschließend beginnt die Phase des Umwohnens. Dazu werden die Brut- bzw. die Honigwaben in die eigene Bienenbox hineingehängt. Auch das Absperrgitter wird platziert. Anschließend werden auch die Ableger-Rähmchen im vorderen Teil platziert.

Wichtig ist, dass sich hier auch die Königin befindet, denn ein Teil der Arbeiterinnen wird bei der Königin bleiben. Sie werden bald beginnen, Brutwaben zu bauen. Ein anderer Teil der Arbeiterinnen wird durch das Absperrgitter nach hinten gehen. Dort sollte sich die Brut befinden, um welche sie sich kümmern. Nach spätestens 21 Tagen sollte dann das Ablegergut komplett geschlüpft sein. Nun ist es möglich, dass die leeren Brutwaben sowie das Absperrgitter komplett entfernt werden. Lediglich die Futterwaben bleiben noch erhalten. Besteht die Gefahr einer Futterknappheit, kann mit einem Zucker-Wasser-Gemisch in einer Schale Abhilfe geschaffen werden.

Die Bienen hineinlaufen lassen

Eine weitere Möglichkeit, die Bienen in ihre neue Behausung zu bekommen, ist, sie hineinlaufen zu lassen. Die Vorbereitung erfolgt dabei ganz genau wie beim Einlogieren eines Naturschwarmes. Allerdings werden die Bienen nicht gleich in die Bienenbox geschubst, sondern auf ein weißes Tuch. Dieses muss mit einer kleinen Rampe verbunden sein. Bienen, welche instinktiv in das Dunkle möchten, werden das Flugloch als schwarzen Kontrast gut erkennen können. Spätestens, wenn die Königin hierin verschwunden ist, wird ihr der gesamte Schwarm folgen. Finden die Bienen das Flugloch nicht, kann mit einem Löffel etwas nachgeholfen werden. Das Hineinlaufenlassen kann jedoch mehrere Stunden in Anspruch nehmen. Dafür ist es ein regelrechtes Naturschauspiel.

Der Umgang mit der Bienenbox

Wer sich Bienen hält, sollte im Umgang mit den Bienen und mit der Bienenbox so einiges beachten.

Die Ausrüstung

Am besten wird sich nur mit folgender Ausrüstung den Bienen genähert:

Die Handschuhe und der Schleier

Wer einen Schleier trägt, kann gelassener an der Bienenbehausung arbeiten. Gerade für Neu-Imker und Neu-Imkerinnen ist dies bezüglich der Konzentration auf die Tiere ein großer Vorteil. Außerdem bieten lange Handschuhe Sicherheit. So kann ohne Stichgefahr in die Bienenbehausung gegriffen werden. Allerdings verringert sich durch die Handschuhe das Feingefühl in den Fingern bei einigen Tätigkeiten.

Die Stockmeisel

Mit dem Stockmeisel werden die Rähmchen in den Boxen gelöst, denn die Rähmchen sind oftmals mit Propolis verkittet und kleben somit aneinander. Außerdem wird mit dem Stockmeisel Propolis oder Gemüll von der Windel abgekratzt werden.

Der Smoker

Mit dem Smoker wird die Anzahl der auffliegenden Bienen reduziert. Gerade, wenn langdauernde Tätigkeiten anstehen, kann ein Smoker nützlich sein, denn durch den Rauch ziehen sich die Bienen in die Wabengassen zurück und nehmen Honig auf. Damit der Smoker richtig funktioniert, benötigt er spezielle Rauchkräuter, die es in Imkerläden gibt. Ersatzweise können auch Kleintiereinstreu sowie Holzspäne verwendet werden. Mit dem Rauch sollte jedoch auch nicht übertrieben werden. Der Smoker sollte immer nur dann erneut verwendet werden, wenn sich die Bienen wieder aus den Wabengassen herauswagen.

Der Imkerbesen

Mit einem Imkerbesen werden die Waben von den Bienen befreit. So kann die Wabe bei der Honigernte bienenfrei aus der Bienenbox herausgenommen werden. Das Abkehren der Bienen sollte allerdings nicht zu grob geschehen. Besser ist es, wenn die Bienen hiermit nur zur Seite gedrängt werden. Als Ersatz kann zudem eine große Feder verwendet werden. Beides funktioniert übrigens am besten, wenn es etwas befeuchtet ist.

Das Verhalten am Bienenstock

Wer am Bienenstock arbeitet, muss dies auf alle Fälle mit viel Ruhe machen, denn dann bleiben auch die Bienen ruhig und stechen nicht. Außerdem wird empfohlen, keine dunkle Kleidung zu tragen. Sonst sehen die Bienen den Imker bzw. die Imkerin als Bären an und werden beunruhigt. Darüber hinaus mögen die Bienen keine Parfüms und auch keinen Alkoholgeruch. Außerdem kann die Stimmung des Bienenvolkes je nach Jahreszeit bzw. auch nach Tagesablauf sehr unterschiedlich ausfallen. Ein Imker oder eine Imkerin, welche(r) die Bienen gut kennt, weiß jedoch genau, wann auch langdauernde Arbeiten erfolgen können.

Die Durchsicht

Bei der Durchsicht werden die einzelnen Rähmchen durchgegangen. Es ist wichtig, sich die jeweiligen Wabenoberflächen anzusehen und ihre Optik exakt deuten zu können.

Begonnen wird am besten auf der Seite mit dem Trennschied. Hier werden die Rähmchen mithilfe eines Stockmeisels gelöst und anschließend herausgenommen. Jetzt kann es einiges zu sehen geben. Je nach Jahreszeit und der Position des Rähmchens kann die Wabe anders aussehen und eine andere Bedeutung haben. Die Futterwabe (kommt nach dem Trennschied) sollte Anfang September komplett gefüllt und verdeckelt sein. Die mittige Wabe sollte außerdem ein kreisrundes Brutnest besitzen. In einem Kreis um das Brutnest wird Pollen für die Bienenaufzucht abgelagert. Im äußersten Kreis wiederum befindet sich das Futter. Vor allem im oberen Bereich ist das Futter zu finden.

Die einzelnen Zellen selber werden von den Bienen zu verschiedenen Zwecken benutzt. Eine Zelle mit einem gespannten Zelldeckel ist eine verdeckelte Brutzelle. In einer offenen Brutzelle hingegen können sich zum Beispiel Maden im Futtersaft befinden. Hier wachsen die Arbeiterinnen auf. Die späteren Drohnen leben dagegen in einer verdeckelten Brutzelle, welche größer ist, als die Brutzelle der Arbeiterinnen. Außerdem besitzen sie eine auffällige Außenwölbung. Die verdeckelten Honigzellen bzw. Futterzellen sind hingegen nicht mit einem gespannten Brutdeckel ausgestattet. Ihr Zellendeckel ist nämlich schrumpelig. Ist die Honig- bzw. die Futterzelle noch nicht verdeckelt, fehlt der Zelldeckel. Stattdessen schimmert hier der Nektar am Zellboden. Dann gibt es noch die Pollenzellen. Hier befindet sich der Pollen und die Zelle wird nicht von den Honigbienen verdeckelt.

Nach der Durchsicht ist es wichtig, dass die Rähmchen wieder in die exakte Position sowie auch in die richtige Richtung eingehängt werden. Damit es dabei nicht zu einem Fehler kommt, sollten die Rähmchen mit einem wasserfesten Stift markiert werden. Auch eine Markierung mit Klebeband ist möglich.

Den Bienenstock neu positionieren bzw. mit ihm umziehen

Sobald die Bienen in die Bienenbox eingezogen sind, darf diese nicht mehr einfach so verändert werden. Selbst wenn die Behausung nur einige Meter verschoben oder verdreht wird, könnten die Bienen ihr Flugloch nicht mehr finden. Stattdessen würden sie um die alte Stelle herumschwirren. Ist ein Umzug bzw. eine Umplatzierung jedoch unvermeidbar, so sollte bis zum Abend gewartet werden. Nun müssten sich alle Bienen in ihrer Behausung befinden, sodass das Flugloch problemlos verschlossen werden kann. Anschließend kann die Bienenbox transportiert werden. Liegt die neue Platzierung in einen Umkreis von fünf Kilometer zur alten Stelle, ist es möglich, dass sich einige Bienen wieder verfliegen. Wer dies auf alle Fälle verhindern möchte, sollte mit dem Umplatzieren bis nach dem Winter warten, denn die Bienen, welche sich nun in der Bienenbox befinden, sind noch Jungbienen. Somit kennen sie ihren bisherigen Standort nicht, wenn sie zum ersten Mal nach draußen kommen.

Ohne Bienen kein Honig

Bienen übernehmen viele wichtige Aufgaben in der Natur. Sie bestäuben die heimischen Pflanzen und sorgen damit dafür, dass der Fruchtertrag steigt. Außerdem werden die Bienen als Honiglieferant genutzt.

Warum produzieren die Bienen Honig?

In der blütenreichen Jahreszeit gibt es für die Bienen genug Nahrung. Im Winter müssen sie jedoch von ihrem eingelagerten Honig leben. Sie produzieren ihn also als ihren Wintervorrat und nicht für den Menschen. Nehmen sich die Menschen den Honig weg, dann müssen die Bienen mit einem Gemisch aus Zucker und Wasser zugefüttert werden.

Wie entsteht der Honig:

Für die Honigproduktion wird von den Arbeiterinnen Nektar gesammelt. Dieser stammt von Blütenpflanzen. Ebenso gesammelt wird der Honigtau von Nadelbäumen. Dies alles speichern die Arbeiterinnen in ihrer Honigblase. Dann bringen sie es in den Bienenstock, wo das Gesammelte in Waben abgelagert wird. Im Anschluss erfolgt die Weiterverarbeitung durch die Stockbienen.

Wie viele Honigsorten gibt es und wie unterscheiden sie sich voneinander?

Grobe Unterschiede gibt es zwischen Blütenhonig und Honigtauhonig. Blütenhonig ist Honig, welcher aus dem Blütennektar verschiedener Pflanzenarten produziert wird. Honigtauhonig wiederum wird aus Honigtau gewonnen, welcher von Blattläusen sowie von Schildläusen ausgeschieden wird. Die Bienen müssen den Honigtau lediglich von Blättern und Zweigen der Bäume aufsammeln. Außerdem können beide Honigsorten in zahlreiche Untersorten eingeteilt werden. So gibt es zum Beispiel: Rapshonig, Akazienhonig, Tannenhonig, Waldhonig, Edelkastanienhonig, Löwenzahnhonig sowie Lindenblütenhonig.

Wie lange ist Honig haltbar?

Manche Menschen behaupten, dass Honig für immer haltbar sei. Dies stimmt nicht, denn auch Honig verfällt. Ungeöffnet und unbearbeitet kann er sich jedoch über mehrere Jahre hinweg halten. Einmal geöffnet, ist er immerhin noch mindestens ein Jahr haltbar. Damit ist Honig ein gutes Lebensmittel für die Lagerung.

Den Bienenhonig ernten

Der Erntezeitpunkt für Bienenhonig liegt in der zweiten Julihälfte, denn in den Honigwaben darf keine Brut mehr vorhanden sein. Außerdem sind die Honigwaben umso gefüllter, je länger mit der Ernte gewartet wird. Spätestens zu Anfang August gilt es jedoch, mit der Honigernte zu beginnen. Schließlich muss anschließend noch eine Ameisensäure-Vorabbekämpfung stattfinden. Zudem wird eventuell die Zeit für eine Winterfütterung benötigt.

Die richtige Ausrüstung für die Honigernte

Für die Honigernte werden folgende Ausrüstungsgegenstände benötigt:

- Smoker

- Stockmeisel

- Schutzschleier

- gegebenenfalls Schutzhandschuhe

- Eimer mit Wasser und ein Tuch,
  damit Honigklekse gleich wieder aufgewischt
  werden können

- ein passender Schraubenzieher,
  denn die hintere Schraubenleiste muss losgeschraubt werden können

- ein stabiles Messer mit einer Klinge von mindestens 15 cm

- ein Behälter, in welchem die Bienen eingefangen
  werden können

- ein Gefäß für die Wabenstückchen und zum Ab-
  legen von Querleisten

- eine bienendichte Plastikkiste bzw. drei 25-Kilo-
  Honigeimer für die Wabenlagerung.

  Diese Angabe ist abhängig von der Zahl der Bie-
  nenbehausungen. Bei mehreren Bienenbehau-
  sungen sind auch noch mehr Honigeimer für die
  Honigernte nötig.

Des Weiteren können folgende Dinge sehr nützlich sein:

- noch ein bis zwei weitere Honigeimer

- Honigrührer zur Wabenzerkleinerung und später zum Cremigrühren des Honigs

- Teigschaber, um später alle Honigreste auszukratzen

- Seihtuch nach Meister Schundau
  Hiermit werden feine Wachskrümel aus dem Bienenhonig herausgefiltert.

- Abfüll-Hobbock 40 kg am besten mit einem Quetschhahn
  Hiermit wird das Abfüllen des Honigs in die Honiggläser vereinfacht.

- Honiggläser
  Für eine Bienenkiste werden etwa vierzig 500 g-Gläser benötigt.

Die Waben dem Bienenstock entnehmen

Vor der Honigernte müssen die Waben mit einem langen Messer bzw. mit dem Stockmeisel durchtrennt werden. Dies sollte ruhig am Vorabend geschehen. Über Nacht werden die Bienen diese Stellen wieder zusammenflicken. Jedoch tragen sie keinen neuen Honig herein, sondern beseitigen nur den Honig, welcher herausgelaufen ist. Somit entsteht so etwas wie eine Sollbruchstelle. Hier wird beim Ernten jedoch kein bzw. nur wenig Honig herauslaufen. Zudem wird geraten, beim Durchschneiden etwas Rauch an die Schnittstellen zu geben. Damit wird vermieden, dass die Bienen mitverletzt werden. Am nächsten Morgen wird, so früh wie nur möglich, zunächst die hintere Querleiste entnommen. Dazu werden die beiden Auflageleisten losgeschraubt. Anschließend sollten mit dem Stockmeisel die Verkittungen zwischen der Querleiste und dem Wabenträger gelöst werden. Zusammen mit dem Stockmeisel kann anschließend die Querleiste herausgezogen werden. Dabei können ein paar Wabenstückchen hängen bleiben. Dies ist kein Problem, denn nun wird die Leiste so weggelegt, dass der herauslaufende Honig in eine Schüssel bzw. in ein anderes Behältnis fließt. Dann können die einzelnen Honigwaben entnommen werden. Dabei werden sie immer vertikal entnommen und niemals horizontal. Ebenso gilt es, mit ihnen vorsichtig zu hantieren. Schließlich können die Waben leicht abbrechen. Zudem sollten sie nun erst einmal mit dem Bienenbesen behutsam abgefegt werden. Anschließend gilt es, sie bienendicht zu verstauen. Zum Schluss werden die beiden Auflageleisten wieder eingelegt. Die Querleiste kommt wieder einfach auf den Boden im hinteren Teil des Bienenstocks. Die Bienen werden nun die Honigreste aufschlecken. Das Trennschied wird jedoch noch nicht wieder in den Bienenstock eingesetzt. Schließlich muss erst noch die Sommerbehandlung gegen die Varroamilben mit der Ameisensäure erfolgen.

Den Honig gewinnen

Für die Honiggewinnung ist ein geschlossener (also bienendichter), trockener sowie geruchsfreier Raum nötig, denn der Honig nimmt leicht andere Gerüche an. Außerdem zieht er schnell das Wasser aus der Luft. Je wärmer es dabei in der Umgebung ist, desto schneller kann so etwas geschehen. Darum ist eine Temperatur von 24 bis 28 °C zu empfehlen. Bei einer niedrigeren Temperatur funktioniert die Honiggewinnung auch noch. Allerdings dauert es nun länger, bis der Honig aus den Waben herausgelaufen ist. Außerdem ist es notwendig, die Waben zu zerkleinern. Dazu wird eine Wabe nach der anderen Wabe aus dem Transportgefäß genommen. Nun wird empfohlen, sich die jeweilige Wabe anzusehen. Sitzt irgendwo noch eine Biene an ihr? Steckt noch eine Biene in einer leeren Wabenzelle? Falls ja, dann muss sie abgefegt oder mithilfe einer Messerspitze herausgenommen werden. Ist an der Wabe noch mindestens eine Brutzelle zu erkennen, sollte diese herausgeschnitten werden. Im nächsten Schritt ist es nötig, jede einzelne Wabe von den Trägerleisten abzuschneiden und in einem Honigeimer zwischenzulagern. Wurde dies mit allen Waben gemacht (die Waben werden alle im selben Eimer zwischengelagert), müssen sie als nächstes kleingehackt werden. Dazu werden die Waben mit einem langen und stabilen Messer zerschnitten. Die kleinen Stückchen müssen anschließend zermatscht werden. Hierzu kann man sich einen Honigrührer anschaffen. Die Trägerleisten werden währenddessen in einen weiteren Eimer gesammelt. Später können sie noch von den Bienen saubergeputzt werden. Anschließend muss die so gewonnene Pampe aus Honig und Wachs durch einen Filter laufen. Den Filter kann man sich sehr einfach selber bauen. Dazu wird ein Honigeimer ohne Löcher verwendet. Hierauf kommt ein Deckel mit einem großen Loch. Darauf wird ein weiterer Honigeimer gesetzt, welcher viele ein bis zwei Zentimeter große Löcher aufweist. Diese müssen in den Boden des Honigeimers hineingebohrt werden. Darauf kommt anschließend ein Gittergewebe. Dann wird die Honig-Wachs-Pampe in den Honigeimer mit dem Gittergewebe hineingegeben. Nun werden sich Honig und Wachs nach dem Gesetzt der Schwerkraft trennen. Einige Stunden später ist der Honig dann durchgelaufen. Allerspätestens nach drei Tagen sollte jedoch der Filter wieder abgebaut werden, denn der Honig darf nicht länger als nötig geöffnet stehen bleiben, sonst würde er nämlich seinen Wassergehalt verlieren, was ihn weniger lagerfähig macht.

Wer die Honiggewinnung etwas einfacher ausführen möchte, sollte unbedingt auf eine Honigschleuder zurückgreifen.

Den Honig abfüllen

Nachdem der Honig gewonnen wurde, kann er einfach in die Honiggläser abgefüllt werden. Wer allerdings besondere Vorlieben hat, den Honig zum Beispiel cremig möchte, muss ihn noch etwas bearbeiten.

So sollte jemand, der einen Honig ohne Wachskrümel haben möchte, das süße Lebensmittel erneut filtern. Dieses Mal wird der Bienenhonig durch ein Seihtuch in ein anderes Gefäß gegossen. Außerdem sollte der Honig in diesem Fall einige Tage im Honigeimer stehen bleiben. In dieser Zeit bildet sich an der Oberfläche ein Schaum und die Wachskrümel setzen sich dort ab. Zum Beispiel mit einem Löffel kann versucht werden, diesen Schaum abzuschöpfen. Eine andere Methode ist es, Frischhaltefolie auf die Oberfläche zu legen. Diese kann dann einfach abgezogen werden und der Schaum sowie die Wabenreste bleiben an ihr haften. Von besonderem Vorteil ist es hierbei, dass weniger Honig verloren geht, als beim Abschöpfen.

Wer den Honig cremig haben möchte, sollte den Honig ebenfalls noch etwas stehenlassen. Sobald er anfängt zu kristallisieren, muss er dann ein bis zwei Tage lang jeweils einige Minuten lang gerührt werden. Dies kann zum Beispiel mit einem handbetriebenen Honigrührer geschehen. Nach ein bis zwei Wochen hat der Honig dann ein cremiges Erscheinungsbild. Nun kann er abgefüllt werden. Soll der Honig nicht cremig werden, muss das Abfüllen ohne das Rühren und schon viel eher geschehen.

Beim Abfüllen selber gilt es immer, den Honigeimer komplett zu entleeren. Sonst wird der Honig im Honigeimer fest und ist dann nur noch schwer zu entfernen. Außerdem kann zum Abfüllen in die Gläser eine Schöpfkelle sinnvoll sein oder der Honig wird vorsichtig umgeschüttet. Die Gläser selber sollten einen luftdichten und geruchsfreien Deckel besitzen. Das Format sowie die Glasgröße kann beim Hobby-Imkern frei gewählt werden.

Die Wachsverwertung

Um Wachs gewinnen zu können, sollte das Filtertuch mit den Wachskrümeln in einem Eimer mehrfach ausgespült werden. Damit werden die Honigreste herausgespült. Die Wachskrümel sollten anschließend in einen alten Topf gegeben werden und mit Wasser aufgefüllt werden. Nun wird das Gefäß erhitzt. Dabei wird das Wachs mit einem Holzstab immer wieder umgerührt. Sobald das Wachs geschmolzen ist, muss der Topf wieder abkühlen. Langsam wird sich das Wachs an der Oberfläche absetzen. Schließlich kann die Wachsplatte herausgenommen werden. Ist das Wachs etwas zu fest, kann der Topf von außen mit etwas heißem Wasser übergossen werden. Ersatzweise ist es auch möglich, ihn mit einem Gasbrenner zu erhitzen. Ziel ist es dabei, dass sich das Wachs vom Topfrand löst. Als Nächstes wird das Wachs erneut mit Wasser erhitzt und wiederholt langsam abgekühlt. Dazu kommt es in einen Schlafsack bzw. in eine Wolldecke. Nun scheiden sich die Schmutzstoffe an der Unterseite des Wachsblocks ab. Nach dem Abkühlen können sie dann zum Beispiel mit einem Stockmeisel abgekratzt werden. Mit dem gesäuberten Wachs können nun Kerzen oder neue Mittelwandwaben hergestellt werden. Für Letzteres gibt es Mittelwandwabenhersteller, welche das Wachs gerne abkaufen.

Die Geräte reinigen

Die Honigverarbeitung kann immer etwas klebrig werden. Allerdings ist Honig wasserlöslich. So können die Geräte mit lauwarmem Wasser einfach abgespült werden. Spülmittel ist dabei nicht unbedingt nötig. Lediglich zu heiß darf das Wasser nicht sein, denn zu heißes Wasser lässt die Wachskrümel schmelzen. Damit würden die Geräte bald mit einem Wachsfilm überzogen sein und die Seih- und Filtertücher schnell verstopfen. Auch das Filtertuch ist sehr einfach zu reinigen. Die Wachskrümel werden hierbei einfach aus dem Tuch herausgeschüttelt, welches anschließend mehrfach in einem Eimer mit sauberem Wasser ausgespült wird. Anschließend wird das Tuch ausgebreitet gehalten und die restlichen Wachskrümel werden herausgeschlagen. Dies wird an allen Ecken kräftig wiederholt. Weil die Wachskrümel in allen Ecken umherfliegen, sollte dies draußen gemacht werden. Ebenso wird für diese Arbeiten ältere Kleidung sowie eine Kopfbedeckung empfohlen.

Die Bienen nachversorgen

Nachdem die Honigernte eingebracht ist, ist der Honigraum geleert. Nun bleiben die Trägerleisten übrig, welche erneut in die Bienenbox hineingegeben werden. Die Bienen werden die Trägerleisten nun sauber putzen. Dabei sollten sie auch gut in die Zwischenräume hineinkommen. Länger als eine Nacht dauert so etwas nicht. Auch die Querleiste wird auf diese Weise gereinigt. Eventuell ist es nötig, sie auszubauen und die Wachsreste mit einem Stockmeisel freizukratzen.

Anschließend wird sie wieder eingesetzt, weil sie schließlich auch noch als Anschlag für die Rückwand notwendig ist. Die Trägerleisten werden nun bis zum nächsten Jahr verstaut.

Die Bienengesundheit

Honigbienen sind schon seit längerer Zeit in ihrem Bestand bedroht. Die Ursachen und Begünstigungen für das Bienensterben können sehr vielseitig sein. Darum hat die Bienengesundheit große Bedeutung in der (Hobby-) Imkerei.

Allgemeine Tipps für die Bienengesundheit bei der Bienenzucht

Damit Bienen nicht sterben, sollten die Waben und das Flugloch regelmäßig kontrolliert werden. Erscheint etwas verdächtig, kann den Bienen eventuell noch rechtzeitig geholfen werden. Außerdem wird empfohlen, alle dunklen Waben nach drei bis vier Jahren auszuwechseln. Werden Waben mit denen von anderen Bienenvölkern getauscht, müssen beide Bienenvölker vollkommen gesund sein. Das Gleiche gilt, wenn der Bienenstock an einen anderen Ort gebracht wird. Soll die Bezirksgrenze dabei überschritten werden, ist sogar ein aktuelles Gesundheitszeugnis notwendig. Stehen die Bienenstöcke an verschiedenen Standorten, wird zudem geraten, sämtliche Utensilien, wie zum Beispiel die Handschuhe, vor Ort zu belassen. Somit ist immer gleich alles vorhanden. Außerdem verringert sich die Möglichkeit, dass von außen Erkrankungen in den jeweiligen Bienenstock hineingebracht werden.

Zum Schluss ist noch zu beachten, dass die Bienen keinen fremden Honig zum Fressen bekommen sollten.

Bienenerkrankung: die Amerikanische Faulbrut

Die Amerikanische Faulbrut ist für die Bienen eine sehr schwere Erkrankung. Deshalb ist schon der Verdacht beim Veterinäramt meldepflichtig.

Wie entsteht diese Erkrankung?

Die Amerikanische Faulbrut stammt von dem Erreger AFB, ein sporenbildendes Bakterium. Die Sporen können sich über Transporte von Honig oder Waben ausbreiten.

Wie macht sich diese Erkrankung bemerkbar?

Die betroffenen Brutzellen erscheinen dann zum Beispiel löchrig. Eventuell ist auch ihr Zelldeckel eingesunken. Außerdem bleiben die Brutzellen stehen und entwickeln sich nicht weiter. Um sicherzugehen, kann eine betroffene Zelle mit einer Pinzette geöffnet werden. Wenn sich dahinter anstatt einer Made nur Luft befindet, handelt es sich fast garantiert um die Amerikanische Faulbrut. Nun kann ein Streichholz genommen werden, welches bis in den Zellboden hineingestochen wird. Bildet sich bei Herausziehen ein fadenziehender Schleim, ist dies nur noch eine weitere Bestätigung für diese Erkrankung. Aber selbst, wenn die Bestätigung nicht vorliegt, muss schon beim Verdacht das zuständige Veterinäramt darüber informiert werden.

Wie kann den Bienen nun geholfen werden?

Bei der Amerikanischen Faulbrut hilft am besten das Vorbeugen. Dazu sollte regelmäßig eine Futterkranzprobe durchgeführt werden. Hierzu ist es notwendig, einen Tiefkühlbeutel mit dem eigenen Namen, dem Standort, der Registriernummer beim Veterinäramt sowie auch mit der Anzahl der getesteten Bienenvölker zu beschriften. Der Beutel wird pro Bienenvolk mit ein bis zwei Esslöffeln Honig aus dem Futterkranz gefüllt. Maximal sollte eine Sammelprobe von sechs Bienenvölkern in einem Beutel untergebracht sein. Anschließend wird der Beutel zugeknotet. Sollte der Gefrierbeutel etwas klebrig geworden sein, kann er auch noch einmal in einen anderen Gefrierbeutel hineingesteckt werden. Als Nächstes muss der Beutel zusammen mit einem formlosen Anschreiben an die nächstliegende Untersuchungsstelle geschickt werden. Die Adresse dazu kann das Veterinäramt bzw. auch der Imkerverein nennen. Am besten ist es, wenn im Anschreiben wiederholt der eigene Name, Wohnort sowie auch die Registrierungsnummer angegeben wird. Ebenso sollte die Bitte nach Untersuchung auf Faulbrut nicht fehlen. Dieser ganze Aufwand kostet 10-20 €.

Bienenerkrankung: Die Varroamilbe

Die Varroamilbe ist ein Blutsauger aus dem südostasiatischen Raum, welcher sich auf der Bienenunterseite bzw. auf dem Bienenrücken platziert. Dort beißt er sich im Chitinpanzer der Honigbiene fest. Als Folge davon können an der Bissstelle Viren eindringen. Die europäische Honigbiene kann sich, im Gegensatz zu den südostasiatischen Honigbienen, nicht gegen die Varroamilbe wehren. Viel mehr ist sie darauf angewiesen, dass die Menschen die Milbe bekämpfen. Dies geschieht zum Beispiel durch:

- die Ameisensäurebehandlung:

Die Ameisensäurebehandlung findet immer erst nach der Honigernte statt. Ob sie notwendig ist, hängt von der Stärke des Milbenbefalls ab. Um die Stärke zu bestimmen, wird erst einmal der Boden gesäubert. Nach drei Tagen wird der Boden herausgezogen, um zu sehen, wie viele Varroamilben pro Tag nach unten gefallen sind. Liegen nach drei Tagen 15 Milben am Boden, bedeutet dies durchschnittlich fünf Milben pro Tag. Ab dieser Anzahl ist eine Behandlung notwendig. Bei einem kleineren Befallsbefund sollte die Entwicklung jedoch im

Auge behalten werden. Außerdem werden zu der Ameisensäurebehandlung eine 60 %-ige Ameisensäure sowie auch ein "Nassenheider Verdunster professional" benötigt. Genauso müssen Handschuhe sowie auch eine Schutzbrille getragen werden. Schließlich wirkt die Ameisensäure ziemlich ätzend.

Zur Behandlung wird der Boden in die Bienenbox geschoben und der Fluglochverkleinerer entfernt. Des Weiteren sollte das Trennschied als auch zehn Rähmchen, welche im fluglochentfernten Bereich liegen, herausgenommen werden. Dieser Platz wird nämlich für den Verdunster benötigt. Anschließend ist der "Nassenheider Verdunster professional" mit 240 ml der 60-prozentigen Ameisensäure zu füllen. Der Füllstand kann leicht auf der Skala abgelesen bzw. kontrolliert werden, welche auf der Flasche vorhanden ist. Für den Abfüllvorgang kann bei Bedarf ein Trichter verwendet werden. Nach dem Abfüllen muss die Flasche mit ihrer Aufschraubeinheit versehen werden. Dabei ist darauf achtzugeben, nichts zu verschütten. Im nächsten Schritt wird ein Vliestuch in die Plastikwanne hineingelegt und mit den mitgelieferten Klammern befestigt. Auch wird die Standklammer an der Flasche angebracht und der Verdunster in die Wanne hineingestellt. Nachdem der mittlere Docht hineingesetzt worden ist, wird der Dochthalter darüber montiert. Der Docht darf bei alldem das Vliestuch nicht berühren. Nun wird die Wanne dort hineingestellt, wo die Rähmchen und das Trennschied entfernt wurden. Der Verdunster sollte dabei waagerecht und gerade stehen. Anschließend wird das Jutetuch auf die Rähmchen gelegt. Nun wird die Bienenbox geschlossen und regelmäßig die Verdunstung kontrolliert. Die Verdunstungsrate der Ameisensäure sollte pro Tag zwischen 15 und 25 ml liegen. Liegt sie wesentlich drunter oder drüber, sollte der bisher verwendete Docht durch einen kleineren bzw. größeren Docht ersetzt werden. Sobald nach etwa 14 Tagen die gesamte Ameisensäure verdunstet ist, ist auch die Ameisensäurebehandlung abgeschlossen. Jetzt ist es möglich, alles wieder aus der Bienenbox zu entfernen. Das Jutetuch wird wie gewohnt eingesetzt. Nach weiteren zwei bis drei Wochen sollte erneut eine Bodenüberprüfung stattfinden.

- die Oxalsäurebehandlung:

Die Oxalsäurebehandlung richtet sich vor allem an die überlebenden Milben nach der Ameisensäurebehandlung. Sie sollte nur durchgeführt werden, wenn sich das Bienenvolk in einem brutfreien Zustand befindet. Dies ist meist drei Wochen nach den ersten Nachtfrösten. Ob die Bienen gerade am Brüten sind, ist an dem Gemüll auf dem Bienenbox-Boden zu erkennen. Liegen dort dunkle Milben, keine Wachsplättchen und keine Pollen, aber stattdessen weiße Bienenteile, kann die Oxalsäurebehandlung gestartet werden. Dazu benötigt werden Schutzhandschuhe, eine Schutzbrille, die Oxalsäure, das Saccharose-Pulver sowie eine Einwegspritze. Das Saccharose-Pulver wird in der angewärmten Oxalsäure aufgelöst und in die Einwegspritze aufgezogen. Anschließend müssen der Deckel der Bienenbox sowie das Jutetuch entfernt werden. Nun muss überprüft werden, in welchen Wabengassen sich die Bienen befinden. In diesen Gassen wird dann die Säure gleichmäßig verteilt.

Bezüglich der Menge gilt:

- für weniger als sechs besetzte Wabengassen werden 30 ml Oxalsäure benötigt

- sieben bis neun besetzte Wabengassen erfordern 40 ml Oxalsäure

- mehr als zehn besetzte Wabengassen benötigen 50 ml Oxalsäure.

Die restliche Oxalsäure, welche nicht verbraucht wird, muss im Sondermüll entsorgt werden. Außerdem ist die Behandlung in einem Bestandsbuch zu dokumentieren. Schließlich ist die Oxalsäure ein apothekenpflichtiges Produkt.

Der Ameisen- und der Ohrwurm-befall

Ameisen und Ohrwürmer können in den Bienenstock gelangen, wenn dieser durch seine Standvorrichtung den Boden berührt. Diese Insektenarten stellen für die Bienen keine große Gefahr dar, weshalb ein Befall nicht sehr schlimm ist. Allerdings entfernen Ameisen und Ohrwürmer gerne die Varroamilben, welche auf den Boden fallen. Um Varroamilbenbefall trotzdem nachweisen zu können, ist es sinnvoll, den Boden mit etwas Pflanzenöl zu bestreichen. Ebenso können Leimringe an den Füßen der Bienenbox angebracht werden. Somit können die Insekten nicht an der Bienenbox hochlaufen.

Bienenerkrankung: Die Kalkbrut

Eine Kalkbrut können die Bienen weltweit bekommen, unabhängig von der bewohnten Klimazone oder anderen Gegebenheiten.

Wie entsteht diese Erkrankung?

Die Kalkbrut wird über einen Pilz, den Ascosphaera-Schimmelpilz, hervorgerufen. Die Infektion findet über Pilzsporen statt. Diese Pilzsporen werden von den Bienen selber oder über die Beuten, die Waben, das Futter, den Honig, den Wind bzw. über die ausgeräumten Kalkbrutmumien übertragen. Nachdem die Ammenbienen über das sporenhaltige Futter den Larven die Pilzsporen verfüttert haben, keimen die Sporen im Bienenlarvendarm. Die Pilzbrut, welche auch Pilzmyzel genannt wird, durchbricht bald nach der Verdecklung der Brutzelle die Bienenlarven-Darmwand. Nun stirbt die Larve im Streckmadenstadium ab. Sie trocknet ein und es entsteht eine harte, weißgelbliche bis graue Mumie. Anschließend können die Sporen weiterkeimen und es entstehen auf diese Weise neue Sporen. In diesem Fall werden sich die Mumien grün-gräulich verfärben.

Wie macht sich diese Erkrankung bei den Bienen bemerkbar?

Die Mumien befinden sich am Flugloch, auf dem Bodenbrett oder vor dem Bienenstock. Außerdem sind auf der Wabe die geöffneten Zellen mit den Mumien darin zu erkennen. Werden die Waben senkrecht gehalten, können die Mumien sogar hinausfallen.

Wie kann den Bienen nun geholfen werden?

In den meisten Fällen heilen sich die Bienenvölker selber. Außerdem ist es angebracht, Maßnahmen anzuwenden, welche den Putztrieb der Honigbienen steigern. Dies kann zum Beispiel die Einengung von Bienenvölkern oder das Füttern sein. Dazu ist es ratsam, stark befallene Waben zu entfernen und einzuschmelzen. Ist der Befall sehr stark, wird ferner zu einer Kunstschwarmbildung sowie zu einem Umweiseln geraten. Des Weiteren sollte der Standort immer trocken und warm gehalten werden.

Bienenerkrankung: Die Nosematose

Die Nosematose kann weltweit bei allen Bienenarten vorkommen. Wahrscheinlich wird der Erreger jedoch nicht über Zwischenwirte, wie zum Beispiel andere Tiere oder Insekten, übertragen.

Wie entsteht diese Erkrankung?

Der Erreger Nosema apis befällt den Mitteldarm der heranwachsenden Bienen. Durch Sporenträger (also befallene Bienen) stecken sich die Bienen gegenseitig an. Dazu kommen die Sporen auf den Waben, im Honig und die, die mit dem Kot ausgeschieden werden. Außerdem fördern mikroklimatische Temperaturen, längere Weisellosigkeit, eine späte Brut sowie auch ungenügende Wabenhygiene, diese Erkrankung.

Wie macht sich diese Erkrankung bei den Bienen bemerkbar?

Bienen mit der Nosematose leiden unter einem aufgedunsenen Hinterleib, allgemeiner Mattheit, Flugunfähigkeit, Eiweißstoffwechsel-Störung sowie auch unter einer Futtersaftdrüsenfunktions-Störung. Dazu kommt, dass die Königin (wenn die Königin hiervon betroffen ist) eine geringere Lebenserwartung hat und die Eilegerate gestört ist. Durch die Erkrankung sterben auch viele Bienen, vor allem während der Überwinterungs- bzw. Auswinterungsphase.

Wie kann den Bienen nun geholfen werden?
Als Erstes sollte der Standort und die Bienenpflege überprüft werden. Es ist wichtig, dass es nicht zu warm ist und dass die Waben regelmäßig erneuert werden. Außerdem können die Brutwaben aus dem Bienenvolk herausgenommen werden. Sie sollten nur in gereinigten Beuten wieder eingehängt werden. Nachdem die Flugbienen abgeflogen sind, kann die Königin im Käfig zusammen mit den alten Arbeiterinnen in die neue Behausung einziehen. Anschließend sollte es zu einer Schwefelbehandlung kommen und die alten Waben eingeschmolzen werden.

Bienenerkrankung: Die Ruhr

Die Ruhr ist eine ansteckende Durchfall-Erkrankung, welche nur die erwachsenen Winterbienen betreffen kann. Ihr Auftreten liegt zum Winterende und im Frühjahr.

Wie entsteht diese Erkrankung?

Die Ruhr entsteht, wenn die Kotblase der Winterbienen überlastet ist. Die Ursachen können hierfür in lang anhaltendem Schlechtwetter liegen, welches den Reinigungsflug verhindert. Ebenso führt ein häufiger Wetterumschwung zu einer häufigeren Futteraufnahme. Auch ein ungeeignetes Winterfutter bzw. ein Honigtauhonig sowie ein verstopftes Flugloch durch Schnee, Eis oder tote Bienen können die Ursachen sein. Dazu kommt, dass die Honigbienen mehr futtern, wenn es um sie herum beunruhigend zugeht. Dies ist zum Beispiel dann der Fall, wenn Vögel in der Nähe gefüttert werden, Spitzmäuse vorhanden sind bzw. Weiselzellen fehlen. Genauso gut kann die Ruhr durch eine Reizfütterung mit frühzeitigen Pollen bzw. über andere Krankheiten, wie zum Beispiel Nosema, ausgelöst werden.

Wie macht sich diese Erkrankung bei den Bienen bemerkbar?

Bei der Ruhr werden die Winterbienen unruhig. Sie laufen herum, ihr Hinterleib ist angeschwollen und erscheint glasig. Bei einer Druckausübung auf den Hinterleib spritzt breiiger bis flüssiger, gelblich bis hellbrauner Kot heraus. Ebenso finden sich Kotspritzer sowohl auf den Waben, als auch in den Wabenzellen. Ähnliches gilt für die Rähmchen, den Kasten und den Bereich des Flugloches. Dazu kommen tote Bienen, die auf dem Bodenbrett liegen. Noch lebende, aber erkrankte, Bienen fliegen selbst bei schlechtem Wetter und bei Kälte nach draußen. Gesunde Bienen würden bei solchen Witterungsverhältnissen im Bienenstock bleiben.

Wie kann den Bienen nun geholfen werden?

Erst einmal sollte herausgefunden werden, was die Ruhr bei den Bienen verursacht. Ist es etwa ungeeignetes Futter, sollte den Bienen Zuckerwasser in einer 1:1-Mischung verabreicht werden. Außerdem wird empfohlen, die Völker einzuengen, tote Bienen zu entfernen sowie auch alle verschmutzten Teile von der Bienenbox sehr gründlich abzuwaschen. Verkotete Waben werden eingeschmolzen. Dazu ist es angebracht, schwache Bienenvölker absterben zu lassen bzw. sie abzutöten. Ebenso sollten die Bienen während der Reinigung der Bienenbox einen Freiflug bekommen. Danach werden die sauberen Kästen vorgewärmt und die Bienen dürfen wieder einziehen. Schon zum Vorbeugen sollte am besten daran gedacht werden, dass nur starke Bienenvölker überwintern sollten. Dazu kommt eine rechtzeitige und ausreichende Zusatzfütterung mit geeignetem Winterfutter. Ungeeignetes Winterfutter, wie zum Beispiel Waldhonig und Melizitose, sollte schon vorab entfernt werden. Außerdem sind winterfeste und störungsfreie Beuten notwendig. Die Reizfütterung mit verfrühtem Pollen sollte am besten gänzlich unterlassen werden.

Die Räuberei vermeiden

Wird das Blütenangebot gegen Ende des Jahres schließlich knapp, kann es sein, dass andere Honig- oder Wildbienenarten den gesammelten Nektar klauen oder an die Brut kommen möchten. Die Bienen werden sich dies nicht so einfach gefallen lassen. So kommt es dann, dass sie ihre Beute in erbitterten Kämpfen verteidigen. Dies kann das Bienenvolk erheblich schwächen. Gewinnen die Diebe und greift der Mensch nicht mit ein, werden die Vorräte der Bienen eventuell komplett ausgeraubt. Für die Überwinterung bedeutet dies ihren sicheren Tod.

Wie macht sich die Räuberei bemerkbar?

Die Räuberei ist daran zu erkennen, dass um die Herbstzeit herum ein ständiger Flugverkehr sowie auch Kämpfe zwischen den (Honig- und Wild-)Bienen herrschen. Dann sind viele Bienen im Honigbereich (also in dem Bereich, welcher vom Flugloch abgewandt ist) aufzufinden und bei der Honigaufnahme zu beobachten.

Wie kann den Bienen nun geholfen werden?

Damit die eigenen Bienen nicht ausgeraubt werden, wird ab Mitte August die Verwendung eines Fluglochverkleinerers empfohlen. Damit kommen größere Wildbienen, wie etwa eine Wespe, schon einmal nicht mehr in den Bienenstock hinein. Lediglich bei gutem Wetter und wenn die eigenen Bienen noch viel fliegen, sollte mit der Fluglochverkleinerung noch etwas abgewartet werden. Zudem sollte eine Zufütterung mit Zuckerwasser immer nur abends für kurze Zeit stattfinden. Gelangen dabei einige Spritzer Zuckerwasser oder Honig außen an die Bienenbox, sollten diese sofort wieder mit einem Lappen und klarem Wasser beseitigt werden. Schließlich könnten die Kleckse sonst die anderen Bienen(arten) anlocken.

Bienenerkrankung: Die Bienen-paralyse-Viren

Bei den Bienenparalyse-Viren gibt es in Europa drei verschiedene Formen.

Das Akute Bienenparalyse-Virus ist in Europa jedoch recht harmlos. Tritt es zusammen mit der Varroamilbe auf, kann es zu folgenden Symptomen kommen:

- tote Maden in der Brutzelle

- die toten Maden werden zu einer schleimigen Masse, welche keine Fäden ziehen

- tote und eingetrocknete Maden lassen einen Schorf entstehen

Auch das Langsame Bienenparalyse-Virus wird von den Imkern als harmlos eingestuft. Diese Infektion verläuft ziemlich symptomlos. Erst wenn, ähnlich wie beim Akuten Bienenparalyse-Virus, die Varroamilbe gleichzeitig mit auftritt, kommt es zum Absterben der Brut.

Das Chronische Bienenparalyse-Virus wiederum schädigt die erwachsenen Bienen. Es macht sich dadurch bemerkbar, dass

- die Bienen flugunfähig sind

- die erwachsenen Bienen zittern

- ein häufiges Abkoten von Durchfall stattfindet

- ein aufgeblähter Hinterleib vorhanden ist

- die erwachsenen Bienen ihre Haare verlieren

- die Bienen nach fünf bis acht Tagen sterben

Wie entsteht diese Erkrankung?

Die Bienenparalyse-Viren werden von Biene zu Biene übertragen, denn die erkrankten Bienen setzen den befallenen Kot ab, welcher von den Arbeiterinnen im Bienenstock beseitigt wird. Dabei infizieren sie sich selber mit dem Virus und gegeben ihn über ihren eigenen Kot an die nächste Bienengeneration weiter.

Wie kann den Bienen nun geholfen werden?

Sind die Bienen von der Bienenparalyse betroffen, kann es sinnvoll sein, wenn die Königin ausgetauscht wird, denn eine infizierte Königin kann über die Eiablage diese Erkrankung theoretisch an alle anderen Bienen übertragen. Außerdem kann bei einem zu starkem Befall eine Abschwefel-Behandlung der betroffenen Bienen sinnvoll sein. Somit wird verhindert, dass sich diese Erkrankung weiter auf andere Bienenschwärme ausbreitet.

Das Bienenjahr im Überblick

Wer sich einmal Honigbienen angeschafft hat, hat das ganze Jahr über mit ihnen zu tun. Darum kommt hier noch einmal das Bienenjahr im kurzen Überblick.

Die Arbeiten im Januar

Von Januar bis März gibt es weniger zu tun. Trotzdem müssen die Bienen beobachtet und ihr Zustand kontrolliert werden. Dabei muss die Bienenbox nicht unbedingt geöffnet werden. Wie es den Honigbienen geht, ist schon am Boden der Bienenbox zu erkennen. Der Gemüllstreifen zeigt an, wie groß das Bienenvolk im Moment ist. Je mehr Gemüllstreifen zu erkennen sind, desto mehr Bienen befinden sich im Bienenvolk. Sind zudem noch glasartige Wachsplättchen, helle Milben und verlorene Eier (ähneln kleinen Stiften) zu erkennen, so sind die Bienen beim Brüten. Ist dem so, dann sollte der Boden gleich wieder in die Bienenbox hineingeschoben werden, denn schließlich darf das Brutnest nicht zu stark auskühlen. Der Boden sollte nun bis Anfang April drinnen verbleiben. Des Weiteren gilt es, das Flugloch immer schneefrei zu halten. Auch auf dem Dach sollte sich nicht zu viel Schnee befinden.

Die Arbeiten im Februar

Ab Mitte Februar muss der Futtervorrat der Bienen kontrolliert werden. Dafür wird von oben auf die Wabengassen gesehen. Am besten ist es, wenn die Bienen noch nah am Flugloch und tief in den Wabengassen drinnen sitzen. Sitzen sie jedoch vom Flugloch entfernt und mehr in den letzten Honigwaben, liegt wahrscheinlich ein zusätzlicher Futterbedarf vor. Nun können einzelne Rähmchen herausgeholt und nach ihrem Futtervorrat kontrolliert werden. Auch eine Gewichtsmessung mit der Zugwaage, wie im Herbst, ist möglich. Fällt das Futter dabei zu gering aus, muss zugefüttert werden. Zum Zufüttern eignet sich gut handwarmes Zuckerwasser (3:2-Mischung in einer Futtertasche anbieten) oder Futterteige. Die Futterteige können im Internet bestellt oder selber hergestellt werden. Sie werden anschließend in faustgroßen Mengen auf eine Plastiktüte gegeben. Dann wird die Futterteigseite nach unten auf die Rähmchenoberfläche gelegt. Dabei sollte sie sich direkt über den Bienen befinden. Plastikbeutel und Futterteig sollten zusammen jedoch nur maximal vier Zentimeter dick sein. Schließlich müssen das Jutetuch sowie auch der Deckel ganz normal wieder eingesetzt werden können.

Die Arbeiten im März

Fallen im März die Temperaturen regelmäßig unter 10 bis 12 °C, kann die Fluglochverkleinerung wieder entfernt werden. Nun werden die Bienen zunächst ihre im Winter verstorbenen Artgenossen nach draußen bringen. Für den Imker bzw. die Imkerin heißt es nun, erneut eine Futterkontrolle vorzunehmen. Zu Beginn des Monats sollten – je nach Größe des Bienenvolkes – noch

6 bis 10 kg Honig vorhanden sein. Ist zu wenig Honig im Bienenstock, muss, wie im Februar, zugefüttert werden. Schließlich müssen sich die Bienen noch bis zum Anfang Mai von ihren Futtervorräten ernähren. Außerdem sollten tote Bienen auf dem Boden bzw. verschimmelte Bereiche an den Waben nicht als Problem angesehen werden. Die Bienen werden solche Sachen selber beseitigen, sofern sie die Zeit dafür haben und wieder nach draußen fliegen können. Lediglich Waben, welche zu alt (3, 4 Jahre oder älter) oder sehr stark verschimmelt sind, sollten gegen neue Waben ausgetauscht werden.

Die Arbeiten im April

Das Bienenjahr beginnt im Normalfall im April. Je nach der Beschaffenheit des Bienenvolkes und der Witterung kann es jedoch Mitte bis Ende April werden. Nun kann erkannt werden, welche Rähmchen leer sind, die Brut beinhalten sowie über Futter verfügen. Ebenso kann es sein, dass alle Wabengassen inklusive des Trennschieds mit Bienen voll besetzt sind. Ist dem so, so steht bald eine Erweiterung an. Damit der richtige Zeitpunkt für die Erweiterung erkannt wird, sollte die Bienenentwicklung über den Boden exakt beobachtet werden. Hierzu wird zunächst der Boden der Bienenbox gesäubert. Dann wird er wieder hineingeschoben. Innerhalb von wenigen Tagen wird sich wieder etwas Gemüll auf ihm angesammelt haben. Anhand der Gemüllstreifen ist es möglich, zu erkennen, wie stark die Bienen jeweils in den einzelnen Gassen unterwegs sind. Dickere bzw. dunklere und mit Pollen belegte Streifen besagen wiederum, wo sich exakt das Brutnest befindet. Erst wenn das Brutnest 75 % der Wabengassen einnimmt, benötigen die Bienen mehr Platz. Für die Erweiterung wird am hinteren Ende des Brutnestes, also an der vom Flugloch abgewandten Seite, ein weiteres Leerrähmchen vor dem Trennschied platziert. Außerdem sollten Futterwaben, welche noch verdeckelt sind, mit einem Stift markiert werden. So kann bei der nächsten Honigernte im Juni eine Verwechslungsgefahr ausgeschlossen werden. Die leeren Rähmchen dürfen jedoch nicht einfach irgendwo zwischen das Brutnest platziert werden. Schließlich gilt es, den Zusammenhang des Brutnestes zu bewahren. Haben die Bienen das leere Rähmchen etwa zur Hälfte ausgebaut, können weitere Rähmchen dahinter angebracht werden, denn die Bienen benötigen immer neuen Platz. Nur so können sie mit Freude bauen. Zu viele leere Rähmchen gilt es jedoch, nicht auf einmal hineinzuhängen. Anderweitig besteht die Gefahr, dass die Bienen ihre Waben schräg bauen. Dann ist zum Beispiel eine Korrektur mit dem Stockmeisel notwendig oder es muss noch ein weiteres Rähmchen dazwischen platziert werden. Ist beides nicht möglich, gilt es, das Rähmchen zu entfernen. Dann muss es gesäubert und neu eingesetzt werden. Außerdem ist es ab April möglich, die Fluglochverkleinerung wieder zu entfernen. Nun werden die Bienen ihre Artgenossen – welche im Winter gestorben sind – aus der Bienenbox entfernen. Haben sehr viele Bienen den Winter nicht überlebt, kann durch Herauskehren auch geholfen werden. Des Weiteren ist es an einem warmen Standort ab Ende April möglich, den Boden herauszunehmen, damit die Bienenbox gekühlt wird.

Die Arbeiten im Mai und Juni

Im Mai und Juni liegt für die Bienen die Schwarmzeit. Sie ist für die Imker- und Imkerinnen die aktivste Zeit im Bienenjahr, denn die alte Königin verlässt nun mit ihren einigen Bienen den Bienenstock. Um die Schwarmstimmung der Bienen zu erkennen, ist eine regelmäßige Durchsicht notwendig. Ein stark angewachsenes Brutnest ist ein erster Hinweis für die Bereitschaft der Bienen, bald schwärmen zu wollen. Von nun an sollte alle acht Tage nachgesehen und nach den Weiselzellen gesucht werden. Die Weiselzellen, also die Zellen, in denen die neuen Königinnen wachsen, müssen sich auf den Brutnest-Waben befinden. Außerdem befindet sich die Zelle der Königin oftmals am Wabenrand und ihre Öffnung verläuft horizontal statt vertikal. Bevor die Weiselzelle jedoch komplett fertig ist, wird sie als Weiselnäpfchen – Spielnäpfchen – erstellt. Sobald ein Ei oder eine Larve im Futtersaft zu erkennen ist, befindet sich das Bienenvolk in Schwarmstimmung. Es macht sich zur Teilung bereit. Nun nimmt auch die Bienenzahl deutlich zu. Neun Tage nach der Eiablage kann mit den ersten Schwärmen gerechnet werden. Hier verlässt die alte Königin zusammen mit etwa der Hälfte der Bienen den Bienenstock. Nach insgesamt 16 Tagen, also sieben Tage nach der Verdecklung, schlüpft dann die neue Königin. Weil es im Bienenvolk immer mehrere Weiselzellen gibt, können auch mehrere Königinnen schlüpfen. Dann erfolgt ein weiteres Schwärmen mit den Nachschwärmen. Wer die Bienen als neues Bienenvolk behalten möchte bzw. wer nicht möchte, dass diese Bienen nur eine geringe Überlebenschance haben, muss die Schwärme nun einfangen bzw. einfangen lassen. Der jeweilige Schwarm zieht in eine neue Bienenbehausung ein. Zum Einfangen sind wiederum Schutzkleidung, ein Wassersprüher, eine Schwarmkiste, Ruhe und wahrscheinlich auch noch eine Leiter nötig. Der Schwarm wird nun von allen Seiten mit Wasser besprüht. Anschließend muss der Schwarm zusammen mit der Königin in die Schwarmkiste gestoßen werden. Befindet sich die Königin erst einmal in der Kiste, wird ihr der restliche Schwarm automatisch folgen. Als Nächstes kommt die Kiste mit den Bienen in Kellerhaft. Wer keinen Keller besitzt, kann sie auch irgendwo anders unterbringen. Wichtig ist nur, dass die Umgebung kühl und dunkel ist. Am folgenden Tag kommen die Bienen abends dann ihre neue Behausung. Ist diese noch nicht vorhanden, sodass die Bienen etwas länger warten müssen, sollte ihnen unbedingt Zuckerwasser als Nahrungsquelle angeboten werden.

Wer wiederum verhindern möchte, dass die Bienen schwärmen, muss die Schwarmzellen ausbrechen und weitere Leerrähmchen anbieten. Somit wird die Schwarmstimmung unterbunden. Außerdem müssen dann alle acht Tage mit dem Stockmeisel oder mit einem scharfen Messer die Spielnäpfchen bzw. Weiselzellen entfernt werden. Dies ist jedoch in der ökologischen Bienenhaltung nur ungern gesehen. Schließlich unterbindet es die natürliche Fortpflanzung der Bienen und schädigt auf Dauer ihre Gesundheit sowie Vitalität.

Die Arbeiten im Juli

Anfang Juli geht es dann weiter mit der Honigernte. Dabei werden etwa 2/3 der Waben, welche verdeckelt sind, genommen und von den Bienen befreit. Ein Smoker sowie ein Bienenbesen können hierbei die Arbeit erleichtern. Anschließend werden die Waben in einer Box verschlossen und an ihrer Stelle leere Rähmchen in die Bienenbox hineingehängt. An einer anderen Stelle wird nun der Honig von Bienenwachs befreit und später dann in die Gläser abgefüllt. Nach der Honigernte steht – Mitte bis Ende Juli – die Ameisensäurebehandlung an. Bei ihr liegt die Aufgabe darin, dass die

Ameisensäure die Varroamilben von den Honigbienen fernhält.

Die Arbeiten im August

Ab Mitte August sollte es regelmäßig zu Futterkontrollen kommen, denn die Bienen benötigen ausreichend Honig für den Winter. Ist jedoch nicht genug Honig vorhanden, muss Zuckerwasser zugefüttert werden. Die Menge, welche an Honig vorhanden sein sollte, richtet sich nach der Größe des Bienenvolkes. Ein Bienenvolk, welches 14 Rähmchen besetzt, sollte 15 kg Honig zur Verfügung haben. Bei 23 oder noch mehr Rähmchen darf gerne der Honigvorrat auf 20 kg aufgestockt werden. Dafür ist es jedoch notwendig, den Honig zu wiegen. Hierfür wird eine Zugwaage verwendet. Die seitlichen Haken der Zugwaage werden an der Bienenbox angebracht. Nun wird die Bienenbox sehr vorsichtig links und rechts angehoben. Dazu müssen vorher die Verschraubungen der Standvorrichtung gelöst werden. Ebenso wird empfohlen, die Bienenbox nicht zu sehr anzuheben, weil sich sonst leicht falsche Gewichte ergeben. Die Messwerte der Zugwaage sind jeweils zu notieren. Danach wird das Gesamtgewicht subtrahiert mit dem Leergewicht einer Bienenbox (meist 17 kg) sowie mit dem Gewicht der Bienen. Das Gewicht der Bienen kann dabei jedoch zwischen drei und zehn Kilogramm variieren.

Eine andere Möglichkeit ist es, das Honiggewicht abzuschätzen. Ein vollständig ausgebautes und verdeckeltes Rähmchen verfügt ungefähr über 2 kg Honig. Wer nun die einzelnen Rähmchen durchgeht, kann die Honigmenge einschätzen. Dabei dürfen jedoch die Honigwaben nicht mit den Brutwaben verwechselt und diese fälschlicherweise mitgezählt werden. Außerdem muss bedacht werden, dass manche Waben gleichzeitig als Brut- sowie Honigwabe dienen.

Ebenso ab Mitte August wird außerdem die Fluglochverkleinerung angebracht, denn mit ihr fällt es den Bienen leichter, den eigenen Honig gegenüber Individuen anderer Arten zu verteidigen. Die Fluglochverkleinerung bleibt nun an der Bienenbox bis zum März des nächsten Frühjahres. Bei zwischenzeitlichen Temperaturen von über 30 °C darf es in der Bienenbehausung jedoch nicht warm werden. Darum ist es an diesen Tagen wichtig, die Fluglochverkleinerung oder den Bienenbox-Boden leicht zu öffnen.

Die Arbeiten im November bis Mitte Dezember

Von Mitte November bis Mitte Dezember sollte bei einem brutfreien Bienenvolk die Oxalsäure-Behandlung stattfinden. Durch diese Behandlung findet eine Restentmilbung von der Varroamilbe am Bienenvolk statt. Damit ermöglicht diese Behandlung den Bienen einen guten Start in das neue Bienenjahr.

Schlusswort

Nun sind wir auch schon am Ende des Buches angekommen. Du hast nun erfahren, warum sich die Bienenhaltung lohnt und wie diese gestaltet werden muss. Wir sind u. a. auf die verschiedenen Arten von Schwärmen als auch die unterschiedlichen Krankheitsfälle und deren Behandlungen eingegangen. Nun solltest du bestens über die diversen Themenkomplexe des Imkerns Bescheid wissen – von der Einlogierung der Bienen und der richtigen Bienenbox über die fachmännische Bienenhonigernte bis hin zum monatlichen Jahresüberblick und der damit einhergehenden monatlichen Arbeiten.

Viel Spaß beim Imkern!
Marcel Trittel

Rechtliches und Impressum

Das Werk einschließlich aller Inhalte ist urheberrechtlich geschützt. Der Nachdruck oder Reproduktion, gesamt oder auszugsweise, sowie die Einspeicherung, Verarbeitung, Vervielfältigung und Verbreitung mit Hilfe elektronischer Systeme, gesamt oder auszugsweise, ist ohne schriftliche Genehmigung des Autors untersagt. Alle Übersetzungsrechte vorbehalten.

Die Inhalte dieses Buches wurden anhand von anerkannten Quellen recherchiert und mit hoher Sorgfalt geprüft. Der Autor übernimmt dennoch keinerlei Gewähr für die Aktualität, Richtigkeit und Vollständigkeit der bereitgestellten Informationen.

Haftungsansprüche gegen den Autor, welche sich auf Schäden gesundheitlicher, materieller oder ideeler Art beziehen, die durch Nutzung oder Nichtnutzung der dargebotenen Informationen bzw. durch die Nutzung fehlerhafter und unvollständiger Informationen verursacht wurden, sind grundsätzlich ausgeschlossen, sofern seitens des Autors kein nachweislich vorsätzliches oder grob fahrlässiges Verschulden vorliegt. Dieses Buch ist kein Ersatz für medizinische oder professionelle Beratung und Betreuung.

www.ingramcontent.com/pod-product-compliance
Lightning Source LLC
La Vergne TN
LVHW010651200726
843507LV00011B/1821